BERICHTE ÜBER DIE VERHANDLUNGEN DER SÄCHSISCHEN
AKADEMIE DER WISSENSCHAFTEN ZU LEIPZIG

Philologisch-historische Klasse
Band 101 · Heft 1

JULIUS LIPS

DIE ERNTEVÖLKER, EINE WICHTIGE PHASE IN DER ENTWICKLUNG DER MENSCHLICHEN WIRTSCHAFT

Rektoratsrede
gehalten am 31. Oktober 1949 in der Kongreßhalle zu Leipzig

1953

AKADEMIE-VERLAG · BERLIN

Vorgelegt durch Herrn Frings in der Sitzung vom 15. Dezember 1952
Manuskript eingeliefert am 15. Dezember 1952
Druckfertig erklärt am 20. April 1953

Erschienen im Akademie-Verlag GmbH., Berlin NW 7, Schiffbauerdamm 19
Veröffentlicht unter der Lizenznummer 1217
des Amtes für Literatur u. Verlagswesen der Deutschen Demokr. Republik
Satz u. Druck der Buchdruckerei F. Mitzlaff, Rudolstadt/Thür. V/14/7 (178)
Bestell- und Verlagsnummer 2026/101/1
Preis: DM 1,35
Printed in Germany

Wohl keine Wissensehaft außer vielleicht der des Rechts — der Wissenschaft des Rechts und dem Geist des Rechts — ist in den politischen Stürmen der vergangenen Jahre so mißhandelt und gedemütigt, verzerrt und mißbraucht worden wie meine Wissenschaft vom Menschen und seinem Schaffen, so daß auch hier der Aufbau von Grund auf zu geschehen hat.

Es ist seit Jahrzehnten ein Mangel der deutschen Völkerkunde gewesen, daß ihre Vertreter ihre Bücher vom Schreibtisch aus konzipierten und ihre „Edelrassen" im Laboratorium konstruierten, anstatt in die Länder schwarzer, roter und gelber Völker zu reisen — denn dort hätten sie erkannt, daß das Erbe, das wir von früheren Kulturen übernommen haben, gemeinsames Erbe aller Rassen und Kulturen ist, daß die frühesten Erfinder und Denker der Menschheit, die die ältesten Kulturgüter schufen und entwickelten, namenlos blieben und nicht nach ihrer Herkunft und Nationalität unterschieden werden können und daß kein Volk einen Anspruch darauf erheben kann, das „auserwählte" zu sein.

Aber die Völkerkunde, die Wissenschaft vom Menschen und seinem Schaffen, wird wieder — des bin ich gewiß — den Platz einnehmen, der ihrem Inhalt und ihrem Ziel entspricht: die Völker und Kulturen zu studieren, das Gemeinsame zu erkennen, dem internationalen Verstehen zu dienen und eine Wissenschaft zu sein, die Kompaß sein soll auf dem Wege zum Frieden unter allen Völkern der Erde.

Nach 1933 ging eine Handvoll deutscher und deutschsprechender Ethnologen aus politischen Gründen in die Welt hinaus zu fremden Ländern und Völkern, um die Tradition der deutschen völkerkundlichen Wissenschaft fortzusetzen. Zwar ihre Forschungsergebnisse mußten in fremden Sprachen erscheinen, und von ihren Arbeiten ist bisher nur wenig dem deutschen Publikum bekannt geworden. Es waren in der Tat nicht mehr als eine Handvoll: ein ehemaliger Hilfsarbeiter des Berliner Museums für Völkerkunde durchforschte einzelne Stämme Mexikos, — ein Assistent des Wiener Museums die Stämme Nordindiens. Dem Deutsch-Holländer von Königswald gelang in den Jahren 1937 bis 1941 in Zentraljava der Nachweis, daß der *Pithecanthropus erectus* nicht ein Zwischenglied zwischen Affe und Mensch, sondern eine dem Pekingmenschen nahestehende Spezies war. Im Jahre 1941 fand er den bisher ältesten menschlichen Skelettrest, dem er den Namen *Meganthropus Palaeojavanicus* gab. Vor allem aber trug der Frankfurter Gelehrte Franz Weidenreich hinsichtlich der wissenschaftlichen Erforschung der in den Höhlen des chinesischen Ortes Choukoutien bei Peking aufgefundenen Skelettrest des *Sinanthropus Pekinensis* Bedeutendes bei.

Ich selber hatte das Glück, neben meiner Lehrtätigkeit in ausgedehnten Feldforschungen gewissen Problemen nachgehen zu können, die mich schon Jahre vorher beschäftigt hatten. Meine Forschungsreisen führten mich zu den Stämmen der großen afrikanischen Wüste, vor allem aber zu Gruppen der einst mächtigen Indianernationen der Naskapi, der Ojibwa, der Dakota und zu den letzten Mitgliedern des früher so zahlreichen Stammes der Huronen.

Über die Forschungsergebnisse hinsichtlich eines Problems, um das sich die ethnologische Wissenschaft — und nicht nur sie, sondern auch die Wirtschaftsgeschichte und die Nationalökonomie — seit Jahrhunderten bemüht haben, möchte ich Ihnen heute berichten, nämlich über die Voraussetzungen der Entstehung des Bodenbaues und der Viehzucht.

Ich habe dieses Problem ausgewählt, weil es an einem Beispiel der Feldforschung Wesen und Methode der Völkerkunde klarlegt und gerade dem jungen Ethnologen zeigen soll, daß Völkerkunde, vom Schreibtisch aus betrieben, leicht zu Konstruktionen führt, die immer wieder durch die Tatsachen der Feldforschung revidiert werden müssen.

Zum anderen ist dieses Problem der Entstehung von Bodenbau und Viehzucht so gegenwartsnahe, daß schließlich auch heute noch nach Tausenden von Jahren das Wohl und Wehe der Menschheit davon abhängt, ob die angebauten Früchte des Feldes und die Viehherden für die Bedürfnisse und Nöte der Menschen ausreichen. Denn auch heute noch ist das Leben bedingt durch die großen elementaren Naturerscheinungen, die ihrem Wesen nach unverändert bleiben und die Vermehrung von Menschen und Sachen oder deren Verminderung bewirken.

Die Anfänge der Produktionswirtschaft klarzumachen, haben sich schon die alten Griechen bemüht, zugleich mit dem Bestreben, eine Chronologie der einzelnen Wirtschaftsstufen herauszuarbeiten. Sie unterschieden ihre eigene, die auf Ackerbau beruhte; eine zweite, die der viehzüchtenden Nomaden am Rande der griechischen Welt; und als dritte die aneignende Wirtschaft des Sammelns und Jagens. Die Vertreter dieser Anschauung machten jedoch den grundlegenden Fehler, diese drei gleichzeitig bestehenden Wirtschaftsformen in eine chronologische Folge zu zwingen. Aus diesem Irrtum entstand die durch Jahrhunderte übernommene sogenannte Dreistufentheorie von Jagd, Viehzucht und Bodenbau. Die „Urstufe“ des Sammelns und Jagens wurde entweder als ein paradiesisches Goldenes Zeitalter oder aber als ein halb tierischer Zustand der „Wildheit“ beschrieben. Diese nicht abzuschüttelnde Dreistufentheorie der menschlichen Wirtschaftsformen wurde im achtzehnten Jahrhundert besonders in den Schriften von Rousseau und Adam Smith vertreten, während Friedrich List, S. Cognetti de Martiis, der französische Prähistoriker Mortillet, der Belgier Laveleye und andere sie ins neunzehnte Jahrhundert übernahmen.

Im Jahre 1877 hat dann Morgan in seinem bekannten Werk „Ancient Society“ vornehmlich von der soziologischen Seite aus versucht, auf Grund der damals bekannten Tatsachen auch eine Chronologisierung der Wirtschaftsformen zu unternehmen. Marx und Engels haben sich eingehend mit dem Werk Morgans befaßt und es gewürdigt. Engels selber veröffentlichte im Jahre 1884 auf Grund der Morganschen und der von ihm selbst erarbeiteten Beweise sein berühmtes Buch: „Der Ursprung der Familie, des Privateigentums und des Staats."

Heute sind sich wohl alle Ethnologen darüber einig, daß die älteste nachweisbare Wirtschaftsform die der Sammler und Jäger ist. Ich sage „nachweisbare", weil auch diese Wirtschaftsform nicht etwa den Uranfang des menschlichen Wirtschaftens darstellt. Die schon großen technischen Kenntnisse der Sammler und Jäger weisen bereits auf eine lange Vorentwicklung hin — aber wie diese gewesen sein mag, können wir höchstens konstruieren.

Die Fülle des neugesammelten völkerkundlichen, archäologischen und anderen Materials, das seit den achtziger Jahren des vorigen Jahrhunderts der völkerkundlichen Forschung zur Verfügung steht, ließ den berühmten Archäologen S. P. Tolstow folgendes schreiben:

„Andererseits aber ist es auch notwendig, entschlossen gegen jene Tendenzen Stellung zu nehmen, die das Schema Morgans in allen seinen Einzelheiten für sakrosankt erklären, Tendenzen, die die Entwicklung unserer ethnographischen und archäologischen Wissenschaft hemmen und die Auswertung sowie die marxistische Verallgemeinerung des ungeheuren Tatsachenmaterials, das nach den achtziger Jahren des neunzehnten Jahrhunderts gesammelt wurde, unmöglich machen[1]." Er spricht klar und deutlich aus, daß etwa „die fossilen Formen des Menschen und die Kultur des Paläolithikums" in den siebziger und achtziger Jahren fast noch unbekannt waren. „Die großen archäologischen Entdeckungen", so stellt er richtig fest, „begannen auf diesem Gebiete erst seit den achtziger Jahren, und der größere Teil von ihnen fällt sogar erst in das Ende des neunzehnten und besonders in den Anfang des zwanzigsten Jahrhunderts[2]. Ganz deutlich aber spricht Stalin sich in völliger Übereinstimmung mit der modernen Ethnologie über die materiellen Grundlagen der Urgesellschaft aus und revidiert damit wesentlich Morgan und Engels besonders in der von diesen

[1] TOLSTOW, S. P., Zur Frage der Periodisierung der Geschichte der Urgesellschaft. In: Sowjetwissenschaft, Heft 2. Berlin 1948. S. 91—97.

[2] Loc. cit. S. 95.

aufgestellten Stufe der „Wildheit". „In der Urgemeinschaft", so schreibt er, „war die Grundlage der Produktionsverhältnisse das gesellschaftliche Eigentum an den Produktionsmitteln. Dies entspricht im wesentlichen dem Charakter der Produktivkräfte in jener Periode. Die Steinwerkzeuge sowie Bogen und Pfeil, die später aufkamen, schlossen die Möglichkeit aus, daß der Kampf mit den Naturkräften und wilden Tieren von einzelnen allein geführt wurde[1]."

Von den bürgerlichen Ethnologen haben — wenn auch nicht in der Interpretation, so doch mit ihrer Materialsammlung — Ernst Grosse und Eduard Hahn zu einer Klärung der frühen Wirtschaftsformen der Menschheit beigetragen. Aber noch heute wird man in der ethnologischen und wirtschaftswissenschaftlichen Literatur vergeblich nach einem Buche suchen, das uns ein klares, dem heutigen Stand der Forschung gerechtwerdendes zusammenfassendes Bild der Entwicklungsphasen der menschlichen Wirtschaftsformen gibt, insonderheit der Stufen, die vor der Erfindung des Bodenbaues und der Viehzucht liegen. Über Monographien einzelner Völker ist man kaum hinausgegangen.

Sammeln und Jagen, diese älteste uns bekannte Wirtschaftsform der Menschheit, die auch die Wirtschaftsform des Jungpaläolithikums war, ist nun keineswegs heute spurlos von der Erde verschwunden. Sie ist noch heute die Wirtschaftsform von isolierten Stämmen, die unter den verschiedensten geographischen Bedingungen über die Erde verstreut sind.

In tropischen Urwäldern leben die Pygmäen Afrikas, die Veddas von Ceylon, die Semang und Senoi der Malakka-Halbinsel und die Kubu Sumatras. Andere Sammler- und Jägerstämme sind die Gês-Völker Südamerikas und ihre auf derselben Wirtschaftsstufe stehenden südasiatischen Äquivalente. In den subtropischen Steppen und Wüsten leben die Buschmänner Südafrikas und die der Sammler- und Jägergruppe zugehörigen Stämme Australiens. Ihr subarktisches Gegenstück sind die Feuerländer der südlichsten amerikanischen Küste.

---

[1] STALIN, J., Über dialektischen und historischen Materialismus. Fragen des Leninismus. 11. Auflage. S. 555.

Die Wirtschaftsform dieser Völker variiert mit den jeweiligen geographischen Bedingungen ihrer Umgebung, ist jedoch bei allen durch eine schweifende Lebensweise gekennzeichnet, die die Nahrungsknappheit ihnen aufzwingt. Sie können keine Vorräte aufspeichern oder Konserven herstellen, und selbst kleinste Gruppen dieser Völker müssen oft gewaltige Gebiete durchschweifen, um die notwendigste Nahrung zu finden.

Das Gebiet einer solchen Lokalgruppe von Sammlern und Jägern schwankt zwischen viertausend und zehntausend Quadratmeilen, und die Mitgliederzahl der Gruppe ist äußerst gering. Nach H. L. Roth bestand die durchschnittliche tasmanische Sammlergruppe nur aus einer Wohngemeinschaft von drei oder vier Hütten, die je von etwa drei bis vier Personen bewohnt waren. Die von Martin auf Malakka vorgefundene zahlreichste Sammler- und Jägergruppe bestand aus siebenundzwanzig Individuen; und Seligman fand bei den Veddas Lokalgruppen vor, die aus einer bis zu fünf Familien zusammengesetzt waren. Nach Malinowski schweifen die australischen Sammler und Jäger in kleinen Familiengruppen einher, deren Gesamtzahl nicht mehr als sechs bis neun Personen beträgt. Im Buschmanngebiet fand Passarge Sammler- und Jägergruppen, die unter zwölf nebeneinander erbauten Windschirmen zusammen hausten. Die Andamanen schließen sich zu Gemeinschaften zusammen, die aus etwa fünfzig Individuen bestehen.

Die politische und wirtschaftliche Einheit ist die Lokalgruppe, und das jagdbare Wild oder die eingesammelte vegetabilische Kost gehören nicht den besitzergreifenden Individuen, sondern der Gemeinschaft oder einer Mehrheit von Gruppenmitgliedern, mit genauen Verteilungsmaßregeln.

Aber schon auf dieser frühen Stufe der sozialen Entwicklung hat sich ein System der Arbeitsteilung herausgebildet, unter dem die Frauen vornehmlich die Beschaffung der Pflanzennahrung wie Früchte, Knollen, Wurzeln und Samen übernehmen, während die Männer die Fleisch- und Fischnahrung herbeischaffen. Das Grabwerkzeug der Frauen, mit dem sie vor allem die Knollen und Wurzeln einsammeln, ist der einfache Grabstock, der meist aus einem geraden oder gegabelten Ast besteht. Die Jagdwaffen der Männer sind vornehmlich Keulen und Speere.

Sobald ein Nahrungsgebiet gänzlich abgesucht ist, wechselt die Gruppe ihren Aufenthaltsort, bis ein Landstrich von oft mehreren Quadratkilometern völlig abgesucht worden ist. Je nach der Jahreszeit wechseln auch die zur Nahrung verwendeten Sammelprodukte.

Eine in Jahrtausenden von Jahren gesammelte Erfahrung hindert diese Stämme der Sammler- und Jägerstufe daran, jede Pflanze, die sich ihren Augen darbietet, wahllos zu verschlingen. Sie unterscheiden sehr vorsichtig zwischen nützlichen und schädlichen Pflanzen und schließen die letzteren von ihrem Speisezettel aus. Die Kenntnis einer neuen Nahrungspflanze hat für sie die Bedeutung einer großen Erfindung. Die Veddas auf Ceylon haben zum Beispiel eine genaue Kenntnis von vierzig Pflanzen- und zwanzig Tierarten, die ihnen zur Nahrung dienen, und gewisse australische Stämme unterscheiden sogar dreihundert verschiedene Nahrungspflanzen, die sie einsammeln und zu Speisezwecken verwenden.

Zahlreich sind in der Tat nun die Versuche in der Fachliteratur gewesen, aus dieser eben skizzierten Wirtschaftsform die Einführung des Bodenbaues abzuleiten. Die Hauptargumente waren rein spekulativer psychologischer Art. So behauptet man, daß die Erfindung des Bodenbaues durchaus keine „Erfindung“ gewesen sei, sondern daß es den Sammlern und Jägern ganz natürlich gewesen sein müsse, die ihnen bekannten Samen und Wurzeln planmäßig auszusäen oder zu pflanzen. Infolge dieser Gewohnheit, so behauptete man, wurden die schweifenden Sammler und Jäger seßhaft und nahmen damit eine, kulturell gesehen, höhere Lebensform an.

Die ethnologischen Tatsachen beweisen jedoch mit großer Deutlichkeit, daß die Bereitschaft zum Bodenbau, vor allem das Wartenkönnen auf das Reifwerden der Pflanzen und Früchte, der Vorstellungswelt der Sammler und Jäger völlig fremd ist. Und es ist kein Fall in den Quellen berichtet, der aufzeigte, daß wirklich ein Sammler- und Jägervolk unbeeinflußt plötzlich zum Bodenbau fortgeschritten wäre. Die weißen Kolonisatoren haben in den verschiedensten Weltgegenden versucht, Sammler und Jäger zum Bodenbau zu „bekehren“, aber es hat sich in allen Fällen erwiesen, daß die zu dieser Wirtschaftsstufe gehörenden Stämme kaum je in der Lage gewesen sind, die höhere Form der Produktivwirtschaft auch nur zu begreifen. Entweder wurden die zur Aussaat unter den Eingeborenen verteilten Samen sofort von den Beschenkten verspeist, oder die jungen Pflanzen, die sich auf den von weißen Fachleuten bearbeiteten Feldern zu zeigen begannen, wurden in unreifem Zustand ausgezupft und auf der Stelle als Nahrung verwendet.

Die brasilianische Regierung wählte den Sammler- und Jägerstamm der Bororo für ein solches Experiment aus. Sie erhielten Ackerland und Samen zugeteilt, die Felder wurden von Regierungsfachleuten für sie vorbereitet, und genügend Nahrungsmittel wurden unter den Stammesmitgliedern verteilt, um ihre wirtschaftliche Existenz bis zur Zeit der Ernte sicherzustellen. Was aber geschah? Sobald die Bororo die glücklichen Besitzer von Äxten geworden waren, fällten sie damit sofort die Pikibäume, die sie früher zu erklettern gezwungen waren, um die Früchte zu erlangen. Die Zuckerrohrpflanzungen mußten Tag und Nacht bewacht werden, um sie vor völliger Zerstörung zu bewahren, und die Mandiokapflanzungen wurden durch vorzeitiges Ausrupfen der Sträucher vernichtet. Die an das Ausgraben wilder Wurzeln gewöhnten Frauen liefen mit ihren Grabstöcken in die Felder, um die wachsenden Knollen vor Erreichung der Reife aus der Erde hervorzuwühlen.

Ebenso unbefriedigend ist die Annahme mancher Ethnologen und Wirtschaftswissenschaftler, daß Seßhaftigkeit die Folge des Bodenbaues gewesen wäre. Die Vertreter dieser Anschauung behaupten, daß eine relative Seßhaftigkeit erst mit der Erfindung des Bodenbaues erreicht wurde und daß also die Seßhaftigkeit eine Folge, nicht eine Vorbedingung der Erfindung des Bodenbaues gewesen sei. Auch diese Anschauung ist eine psychologische Spekulation, die mit den Tatsachen nichts zu tun hat. Es kann kein Zweifel daran bestehen, daß zum mindesten eine relative Seßhaftigkeit die Vorbedingung für die Erfindung des Bodenbaues gewesen sein muß.

Es gibt jedoch in der Tat eine Gruppe von Völkern, die man bisher fälschlich — trotz völlig andersgearteter Wirtschafts-, Gesellschafts- und Rechtsinstitutionen — zu den Sammlern und Jägern rechnete und die durchaus das fehlende Glied zwischen den Sammlern und Jägern einerseits und den Stämmen der Produktionswirtschaft andererseits darstellen können. Ich bezeichne sie als Erntevölker[1]. Ihre Nahrungsbeschaffung beruht auf dem Einernten einer oder weniger wildwachsender Pflanzenarten, die ihren Hauptunterhalt während des gesamten Jahres darstellen. Sie sind weder Viehzüchter noch Ackerbauer, sondern fundieren ihre gesamte Wirtschaft auf das planmäßige Einernten — nicht das gelegentliche Sammeln — einer oder weniger wildwachsender Pflanzenarten.

Die die Erntewirtschaft ausübenden Stämme lebten oder leben noch heute in allen fünf Erdteilen. Während wir heute in Afrika allerdings kaum mehr echte Erntevölker finden, so zeigen doch die alten Berichte, daß das Einernten wildwachsender Pflanzen und Samen im Wirtschaftsleben vieler afrikanischer Stämme eine wichtige Rolle gespielt hat. Nach Herodot wurde die Lotoslilie von den alten Ägyptern in großen Mengen geerntet, um, in der Sonne getrocknet und zu Mehl zerrieben, zum Brotbacken Verwendung zu finden. Er beschreibt die Wurzel als etwa apfelgroß und von süßlichem Geschmack. Kotschy berichtet, daß in Kordofan der wilde Reis geerntet und zur Herstellung von Brot verwendet wurde, während Schweinfurth drei verschiedene Oryza- (Reis-) Arten unterscheidet, die, ohne angepflanzt zu werden, im tropischen Afrika eine Hauptnahrungsquelle darstellten. Auf den Marktplätzen des

---

[1] Vgl. hierzu: LIPS, J., Die Anfänge des Rechts an Grund und Boden bei den Naturvölkern und der Begriff der Erntevölker. In: Festschrift für P. W. Schmidt. Wien 1928. — LIPS, J., Regierungs- und Verwaltungsformen bei den Naturvölkern. In: Zeitschrift für Freie Deutsche Wissenschaft (Libres Recherches Allemandes). Teil I: Jahrg. I, Nr. 1. Paris, Juli 1938. — Teil II: Jahrg. I, Nr. 2. Paris, November 1938. — LIPS, J., Government. In: General Anthropology, herausgegeben von Franz Boas. Boston 1938. — LIPS, J., The Origin of Things. New York 1947, London 1949. — Siehe dort auch weitere Literatur.

Senegalgebietes ist der geerntete wilde Reis noch heute ein wichtiges Handelsobjekt und erzielt höhere Preise als der durch Ackerbau erzeugte.

In Australien finden wir Erntevölker besonders in den östlichsten, südlichsten und nördlichen Gebieten. Die Erntefrüchte sind dort hauptsächlich die wilde Yamswurzel, der Nardusame[1], die Lilienwurzel, die Bunya-bunya-Frucht[2], die Früchte der Zykadazeen und andere. Diese Ernteprodukte werden entweder im Naturzustande aufbewahrt oder so verarbeitet, daß sie sich lange halten und während des gesamten Jahres als Hauptnahrungsmittel dienen können. Zuweilen werden sie, wie zum Beispiel bei den Stämmen des australischen Carpentaria-Golfes, durch einen Einsäuerungsprozeß konserviert, der in Polynesien und bei verschiedenen arktischen Stämmen noch weiter vervollkommnet worden ist. Im Süden und Westen von Neuguinea liefert die wilde Sagopalme als Nahrungsquelle vieler Stämme das begehrte Ernteprodukt.

Im südamerikanischen Gran Chaco werden zum Beispiel von den Stämmen der Guaikuru-Sprachgruppe vor allem die Algaroba[3] und die Tusca[4] geerntet. Die Pehuentsche, jener in Argentinien sitzende Zweig der Araukaner, waren einst Piñonsamen[5] sammelnde Erntevölker, während andere Araukaner, wie auch die alten Peruaner, hauptsächlich die wilde Kartoffel ernteten. Ohne die Wirtschaftsgrundlage der wilden Kartoffel in der Puna wäre der Staat der Inka nicht denkbar gewesen.

Zu den nordamerikanischen Erntefrüchten gehören vorwiegend der wilde Wasserreis, die sogenannten „wokas“[6], die Piñon-Nuß, die wilde Kastanie[7] und die Eichel[8]. Das wichtigste Ernteprodukt

---

[1] Die stärkemehlhaltigen Kapseln der Wasserfarnart *Marsilia nardu.*

[2] *Araucaria Bidwillii* oder queensländische Araukarie.

[3] Johannisbrotähnliche Fruchthülsen der *Prosopis dulcis, alba* und *nigra.*

[4] *Acacia moliliformis.*

[5] Die Nüsse der kopfgroßen Zapfen der chilenischen Araukarie *Araucaria imbricata.*

[6] Die Samen der gelben Wasserrose, *Nymphaea nuphar.*

[7] *Aesculus.*

[8] Die Früchte von *Quercus densiflora, Quercus garryana, Quercus california* und *Quercus chrysolepis.*

der nordamerikanischen Indianer ist jedoch der wilde Wasserreis der seenreichen Gebiete des nördlichen Mittelwestens.

Zizania aquatica, der „wilde Wasserreis", ist eigentlich keine Reis-, sondern eine Haferart. Die Körner nehmen aber, nachdem sie durch mehrere Bearbeitungsprozesse hindurchgegangen sind, ungefähr das Aussehen des Reises an, wenn sie auch von größerem Wohlgeschmack sind als der chinesische Reis.

Im Jahre 1947 hatten wir Gelegenheit, mit einem Erntevolk des wilden Wasserreises selber zu leben und seine Wirtschaftsform an Ort und Stelle zu studieren. Als Ziel unserer Forschungsreise wählten wir eine Lokalgruppe der Ojibwa, die Bois-Fort-Band, die etwa sechshundert Individuen zählt und ihre ursprüngliche Kultur noch ziemlich rein bewahrt hat. Allerdings waren wir die ersten Ethnologen, die seit der Zeit der französischen Forscher des siebzehnten und achtzehnten Jahrhunderts diese Gegend aufsuchten, denn die Sumpfgebiete des Nett Lake, wo der wilde Wasserreis wächst, sind wegen des feuchten Tropenklimas im Sommer wegen der Moskitoschwärme, der Malaria und wegen der Gefahr der Poliomyelitis, der spinalen Kinderlähmung, kein bequemer Aufenthaltsort.

Bei unserer Ankunft Ende Juli zeigten sich gerade auf der blauen Fläche des Sees, oder besser Sumpfes, große, zart hellgrüne Farbflecken: die keimenden Reisfelder, deren Anblick von nun an zum Zentrum der Aufmerksamkeit der Indianer wurde. Je höher die Halme wuchsen, je mehr sie die bräunliche Farbe der Reife anzunehmen begannen, um so schärfer wurden die Schutzmaßnahmen, die ergriffen wurden, um die Nahrung zum Wohle der Gemeinschaft gegen die Übergriffe einzelner zu schützen. Als der Höhepunkt des Jahres, die Reisernte, immer näher rückte, fanden allabendlich in dem aus rohen Baumstämmen kreisförmig errichteten Gemeinschaftshause wichtige Versammlungen und Tänze statt, wobei der Reishäuptling — der während der Ernte an Machtvollkommenheit weit über dem sonst anordnenden Häuptling der Ojibwa steht — sowie der „Rat des Reises", der aus erfahrenen alten Männern besteht, gewählt wurden. In der Hand dieser beiden, wenn auch temporären Organe lag die politische und ökonomische Gewalt während der Erntezeit.

Der Reishäuptling bestimmte täglich einige Männer des Reisrates, die auf den See hinauszufahren und Bericht über die fortschreitende Reife der Erntefrucht und die geographische Lage der fortgeschrittensten Reisfelder zu erstatten hatten. Der Reisrat hat ebenfalls eine Schätzung der zu erwartenden Ernte vorzunehmen, denn hiernach richtet sich die Anzahl der Kanus, die zur Reisernte zugelassen werden. Der Schlüssel dazu wurde folgendermaßen gefunden. Zuerst wurde bestimmt, wie viele Kanus auf die Mitglieder der eigenen Lokalgruppe familienweise entfielen, damit eine gerechte Verteilung gewährleistet wurde. Versprach die Ernte gut zu werden und über den Jahresbedarf der eigenen Lokalgruppe hinauszugehen, so wurden durch Boten benachbarte und befreundete Gruppen, in unserem Falle kanadische Ojibwa, eingeladen, an der Ernte mit teilzunehmen.

Etwa zehn bis vierzehn Tage vor der Reife wurde ein striktes Tabu über den See verhängt, so daß also keines der Stammesmitglieder mehr hinausfahren durfte, auch nicht zum Fischen oder zum Sammeln von Medizinpflanzen. Nur der Reisrat war hiervon ausgenommen. Sollte jemand das Verbot übertreten — und das kam vor —, so wurde sein Boot konfisziert und er und seine Familie von der Ernte ausgeschlossen.

Anfang September wurde endlich abends im Gemeinschaftshaus bekanntgegeben, daß der folgende Tag als offizieller Erntebeginn festgesetzt worden sei. Eine Art Fieber bemächtigte sich der sonst so ruhigen und disziplinierten Indianer, und sie alle eilten heim, um die Erntegeräte in Bereitschaft zu bringen. Während dieser Versammlung war es auch der Reishäuptling, der uns öffentlich und feierlich die Erlaubnis gewährte, an allen Phasen der Ernte teilzunehmen und selber mit zu ernten.

Gegen sieben Uhr morgens am ersten Tag der Reisernte erklomm der Reishäuptling einen Felsen in der Mitte des Dorfes, von dem aus er der Sitte gemäß mit vorgeschriebenen Worten die Erlaubnis zur Ernte gab. Dabei wurde ein Zeitlimit, nämlich bis zwölf Uhr mittags, gegeben, zu welcher Stunde die Erntetätigkeit aufzuhören hatte. Zugleich wurde die geographische Lage der freigegebenen Reisfelder mitgeteilt. Sobald der Ruf des Häuptlings die Indianer erreicht hatte, eilten sie zum See, um ihre Kanus bereitzumachen. In der Regel kamen auf ein Boot ein Mann und seine Frau; jedoch kam es auch vor, daß Enkelin und Großvater oder auch zwei Frauen das Ernteteam bildeten; das lag daran, wie viele Boote einer Familie erlaubt worden waren oder hing auch von der Zusammensetzung der Familie selbst ab. Der Mann bewegte mit Paddel und Stechpfahl das Kanu, die Frau übernahm das Ausschlagen der Erntefrucht.

Die hohen Halme werden mit einem in der linken Hand gehaltenen leichten Zedernholzstab, dessen Gewicht und Länge vorgeschrieben sind, bei langsamster Fahrt über das Kanu hingebogen, und die rechte Hand, die einen gleichen Stab hält, schlägt die lose sitzenden Körner in das Boot, um sie nach dem Ausschlagen wieder zurückschnellen zu lassen. Bald füllt das Fahrzeug sich so mit Körnern, daß die Darinsitzenden sich kaum mehr bewegen können. Genau um die Mittagstunde erschallt dann vom Kanu des Reishäuptlings, der sich ebenfalls unter den Erntern befindet, ein lauter Warnungsruf, worauf alle Boote sofort zum Ufer zurückzukehren haben, bei der Strafe sofortiger Konfiskation von Kanu und Erntefrucht.

Die Reishalme werden also weder ausgerupft noch geschnitten oder abgebrochen. Nur die reifen Körner werden sorgsam aus den Rispen ausgeschlagen, und bei dieser Prozedur fallen mehr Körner ins Wasser zurück als in das Kanu der Ernter. Im Schlamm des sumpfigen Sees sammeln sich so die Saatkörner für das nächste Jahr an, ohne daß die Indianer, die das Getreide für die Gabe Manitos halten, bewußt die Funktion des Säens ausüben würden.

Im Dorf der aus Birkenrinde erbauten Wigwams waren inzwischen von den zurückgebliebenen Kindern und Alten die Vorbereitungen für die sofortige Bearbeitung der Erntefrucht getroffen worden. Überall brennen gewaltige Holzfeuer unter ebenso gewaltigen Eisenkesseln, die aus der weißen Welt eingetauscht wurden, und nachdem die langen grünen Körner, die einen schneeweißen, mit schwarzer Haut überzogenen Fruchtkern tragen, von den Kanus zu den Wohnstätten geschleppt worden sind, werden schon die ersten Haufen grünen Reises auf mit Lederstreifen zusammengenähten Unterlagen aus Birkenrinde zum Trocknen ausgebreitet. Während des Trocknens werden die unter das Erntegut gelangten Unkräuter und Schmutzpartikel aussortiert. Der getrocknete Reis wird nun in die heißen Eisenkessel gefüllt und mit einem Kanupaddel trocken darin geröstet, bis die Hülsen eine hellbraune Farbe angenommen haben. Es folgt das Worfeln der gerösteten Körner in flachen Körben aus Birkenrinde und das Dreschen mit dem mokassinbekleideten Fuß in mit Steinen ausgelegten Gruben. Um die letzten Hülsen zu entfernen, werden die Körner nochmals in den flachen Körben durcheinandergeschüttelt, in die Luft geworfen und wieder aufgefangen. Die gesäuberten Körner haben eine grünweißliche Farbe und sind nun gebrauchsfertig.

Bis zum eintretenden Frost fahren die Indianer auf die See hinaus, um den Reis zu ernten — während der ersten Zeit nur auf die vom Reisrat angegebenen Stellen und zu angegebenen Stunden. Später, wenn keine unreifen Felder mehr vorhanden sind, und also kein Nahrungsgut mehr durch fahrlässige Kanus beschädigt werden kann, wird die Ernte unbeschränkt an allen Stellen freigegeben.

Der nicht zur sofortigen Nahrung benötigte Reis wird in Zedernrindenkörben mit Lederstreifen verschnürt und in mit Heu ausgelegten Erdgruben oder in speziell zu diesem Zweck errichteten Vorratshäusern aufbewahrt, die stabiler und besser gebaut sind als die Wohnstätten der Menschen. Denn das erste solide Haus der Menschheit ist der Nahrungsspeicher der Erntefrüchte, nicht die Wohnstätte der Menschen selbst.

Die Ausbeute der einzelnen Familien an der Ernte schwankt natürlich; aber der Ertrag ist immer genug, um zum Hauptunterhalt für das ganze Jahr zu reichen. Witwen und solche Indianer, die während der Erntezeit krank waren und deshalb an der Ernte nur beschränkt teilnehmen konnten, erhalten vom Reisrat Vergünstigungen, um ihren Unterhalt sicherzustellen.

Diese Wirtschaftsform der Erntevölker hat die gesamte kulturelle Struktur ihrer Träger, etwa im Vergleich zu den früher geschilderten Sammler- und Jägervölkern, grundlegend geändert. Im Gegensatz zu den Stämmen jener früheren Form der aneignenden Wirtschaft, die unstet im Hordengebiet umherstreifen und von der Hand in den Mund leben, sammeln die Erntevölker Vorräte für die Zeit der Not an. Ihre Wohnstätten sind solider gebaut als jene der kulturell älteren Völkergruppe, aber solider noch als ihre Wohnstätten sind ihre Vorratsspeicher. Sie sind relativ seßhaft und verharren an einem bestimmten Ort, nämlich in der Nähe des Erntefeldes, das oftmals mehrere hundert Quadratmeilen umfaßt.

Das Erntefeld wird zum Brennpunkt allen Stammeslebens und aller gesellschaftlichen Betätigung. Die erhöhte wirtschaftliche Lebenssicherheit ermöglicht ein Anwachsen der Zahl der Hordenmitglieder, deren Gemeinschaften weit größer sind als die der Sammler und Jäger. Die Winnebago- und Ojibwaniederlassungen umfassen oft dreihundert bis sechshundert Individuen, und die Wohngemeinschaften der Obotos und Wakatimi von Neuguinea bestehen aus über tausend Menschen, die alle von der wilden Sagopalme leben.

Wichtig aber vor allem ist die gänzlich andersgeartete Einstellung der Erntevölker gegenüber der Pflanzen- und der Tierwelt. Das pflegliche Behandeln der Erntepflanzen, des Wasserreises oder der Yamswurzeln und der wildwachsenden Kokospalmen in der Südsee gleicht schon der Einstellung der Bodenbauer. Die Erntefrucht wird in Gesängen und dramatischen Aufführungen verherrlicht und gebeten, sich zu vermehren, denn die Erntevölker sind an ihrem Weiterbestehen aufs höchste interessiert.

In der Tat haben die Dakota, die von den Ojibwa aus dem Gebiet des wilden Wasserreises in die Prärie zurückgedrängt wurden, versucht, den wilden Reis zu kultivieren, bis sie dies zugunsten des Anbaues von Mais aufgaben, und die Assiniboin haben dasselbe bei ihrer Wanderung von den Reisgebieten nach Nordwesten getan. Die polynesischen Inseln aber wären nie besiedelt worden ohne das Vorkommen der wilden Kokospalme und des wilden Brotfruchtbaumes.

Ebenfalls gänzlich anders als bei den Sammlern und Jägern ist die Einstellung der Erntevölker gegenüber den Tieren. Sammler und Jäger mußten sich eines jeden jagbaren Tieres bemächtigen wegen der Spärlichkeit der ihnen zum Lebensunterhalt zur Verfügung stehenden Nahrung. Ihr Verhältnis zum Tier war also ein feindliches. Bei den Erntevölkern jedoch, deren Lebensunterhalt für das ganze Jahr gesichert ist und bei denen die Fleischnahrung nicht als Notwendigkeit in Frage kommt, konnte sich das Verhältnis zwischen Mensch und Tier anders, nämlich als Kamerad, gestalten und somit die Vorbedingung für Tierhaltung und Tierzucht schaffen. Nicht an die Verwertung des Fleisches, sondern an eine andere Ausnutzung des Tieres konnte gedacht werden.

Von dieser neu charakterisierten Wirtschaftsform aus betrachtet, gewinnt auch das Problem des Totemismus ein neues Gesicht. Die Behauptung seines religiösen Ursprunges wird kaum mehr zu halten sein — er ist in seinen Anfängen wirtschaftlich bedingt. Und es ist sicher kein Zufall, daß das Wort „Totem“ aus der Sprache des Erntevolkes der Ojibwa stammt, in der „*ododêm*“, „ich verpflichte mich“, bedeutet.

So nehmen die Stämme der Erntevölker eine Schlüsselstellung ein in der Entwicklung der menschlichen Wirtschaft. Sie erfüllen in vielen Gebieten der Erde die Vorbedingungen für eine Entwicklung zu Ackerbau und Viehzucht. Es ist außerordentlich wahrscheinlich, daß beide Formen sich aus dieser fortgeschrittenen Phase der aneignenden Wirtschaft entwickelt haben. Der genaue Ort, wo ideale Bedingungen zum ersten Male zur Erfindung des Bodenbaues und der Viehzucht geführt haben, läßt sich heute nicht mehr bestimmen. Viele Anzeichen sprechen jedoch dafür, daß die ersten Bodenbaukulturen in Süd- oder Mittelasien entstanden und daß die frühesten Hirtenkulturen sich in den Gebieten von Westturkestan bis zu den Hochebenen von Tibet entwickelten.

BERICHTE ÜBER DIE VERHANDLUNGEN DER SÄCHSISCHEN AKADEMIE DER WISSENSCHAFTEN ZU LEIPZIG

PHILOLOGISCH-HISTORISCHE KLASSE

Band 97

Heft 1 Prof. Dr. Theodor Frings
Antike und Christentum an der Wiege der deutschen Sprache
36 Seiten — 1949 — *vergriffen*

Heft 2 Prof. Dr. Friedrich Weller
Zum mongolischen Tanjur
36 Seiten — 1949 — DM 4,75

Heft 3 Prof. Dr. Walter Baetke
Die Götterlehre der Snorra-Edda
68 Seiten — 1952 — DM 6,30 — *Nachdruck*

Heft 4 Prof. Dr. Carl Brockelmann
Abessinische Studien
60 Seiten — 1950 — *vergriffen*

Heft 5 Prof. Dr. Wilhelm Schubart
Griechische literarische Papyri
108 Seiten — 1950 — *vergriffen*

Heft 6 Prof. Dr. Franz Dornseiff
Verschmähtes zu Vergil, Horaz und Properz
108 Seiten — 1951 — DM 11,50

Heft 7 Prof. Dr. Werner Krauss
Altspanische Drucke im Besitz der außerspanischen Bibliotheken
112 Seiten — 1951 — DM 10,50

Heft 8 Prof. Dr. Martin Lintzel
Liebe und Tod bei Heinrich von Kleist
76 Seiten — 1950 — DM 3,50

Band 98

Heft 1 Prof. Dr. Friedrich Zucker
Freundschaftsbewährung in der neuen attischen Komödie. Ein Kapitel hellenistischer Ethik und Humanität
38 Seiten — 1950 — *vergriffen*

Heft 2 Prof. Dr. Friedrich Behn
Vorgeschichtliche Felsbilder in Karelien und West-Sibirien
16 Seiten — 4 Tafeln — 1950 — *vergriffen*

Heft 3 Dr. Jacob Jatzwauk †
Sorbische Bibliographie, 2. Auflage
XX und 500 Seiten — 1952 — DM 16,—

Heft 4 Prof. Dr. Otto Eissfeldt
El im ugaritischen Pantheon
84 Seiten — 1 Tafel — 1951 — *vergriffen*

Heft 5 Prof. Dr. PAUL THIEME
Studien zur indogermanischen Wortkunde und Religionsgeschichte
78 Seiten — 1952 — DM 9,50 — *Nachdruck*

Heft 6 Prof. Dr. WALTER BAETKE
Christliches Lehngut in der Sagareligion. Das Svoldr-Problem
135 Seiten — 1952 — DM 5,50 — *Nachdruck*

Band 99

Heft 1 Prof. Dr. KARL BARWICK
Caesars bellum civile (Tendenz, Abfassungszeit und Stil)
178 Seiten — 1951 — *vergriffen*

Heft 2 Prof. Dr. MARTIN LINTZEL
Die Entstehung des Kurfürstenkollegs
54 Seiten — 1952 — DM 4,25 — *Nachdruck*

Heft 3 Prof. Dr. MARTIN JAHN
Die Abgrenzung von Kulturgruppen und Völkern in der Vorgeschichte
27 Seiten — 4 Abbildungen im Text u. auf 3 Tafeln — 1952 — DM 3,60

Band 100

Heft 1 Prof. Dr. EDUARD ERKES
Das Problem der Sklaverei in China
30 Seiten — 1952 — DM 2,70

Heft 2 Prof. Dr. MARTIN LINTZEL
Miszellen zur Geschichte des zehnten Jahrhunderts
116 Seiten — 1953 — DM 6,50

Heft 3 Prof. Dr. EBERHARD HEMPEL
Nikolaus von Cues in seinen Beziehungen zur Bildenden Kunst
42 Seiten — 1953 — DM 2,80

Heft 4 Prof. Dr. EDUARD ERKES
Die Entwicklung der chinesischen Gesellschaft von der Urzeit bis zur Gegenwart
30 Seiten — 1953 — DM 2,90

Heft 5 Prof. Dr. RUDOLF KÖTZSCHKE †
Salhof und Siedelhof im älteren deutschen Agrarwesen
im Druck

Heft 6 Prof. Dr. AISTLEITNER / Prof. Dr. EISSFELDT
Untersuchungen zur Grammatik des Ugaritischen
in Vorbereitung

Band 101

Heft 1 Prof. Dr. JULIUS LIPS
Die Erntevölker, eine wichtige Phase in der Entwicklung der menschlichen Wirtschaft *vorliegendes Heft*

Weitere Hefte folgen

Bestellungen an eine Buchhandlung erbeten

AKADEMIE-VERLAG · BERLIN NW 7

MIX
Papier | Fördert gute Waldnutzung
FSC® C083411

Zeitfracht Medien GmbH
Ferdinand-Jühlke-Straße 7
99095 Erfurt, Deutschland
produktsicherheit@kolibri360.de